夏令营
的
科学小侦探

#4

宇宙
大发现的ＰＫ

——宇宙之谜

（美）琳达·博雷加德 著
（美）德辛·海尔默 绘
许庆莉 译　周倩 审

中央广播电视大学出版社
北京

图书在版编目（CIP）数据

宇宙大发现的 PK：宇宙之谜 /（美）博雷加德（Beauregard，L.）著；（美）海尔默（Helmer，D.S.）绘；许庆莉译. —北京：中央广播电视大学出版社，2014.11
（夏令营的科学小侦探）
ISBN 978-7-304-06043-5

Ⅰ. ①宇… Ⅱ. ①博… ②海… ③许… Ⅲ. ①宇宙—儿童读物 Ⅳ. ①P159-49

中国版本图书馆 CIP 数据核字（2014）第 246541 号

图字：01-2014-6978
Summer Camp Mysteries: The Great Space Case-A Mystery about Astronomy:
Copyright: 2013 by Lerner Publishing Group, Inc.
Published by arrangement with Graphic Universe™, a division of Lerner Publishing Group, Inc., 241 First Avenue North, Minneapolis, Minnesota 55401, U.S.A. All rights reserved.

Simplified Chinese rights arranged through Ca-Link International LLC.

夏令营的科学小侦探
宇宙大发现的 PK——宇宙之谜
Yuzhou da Faxian de PK——Yuzhou zhi Mi

（美）琳达·博雷加德 著；（美）德辛·海尔默 绘；许庆莉 译；周倩 审

出版·发行：中央广播电视大学出版社
电话：营销中心 010-66490011　　　　　总编室 010-68182524
网址：http://www.crtvup.com.cn
地址：北京市海淀区西四环中路 45 号
邮编：100039
经销：新华书店北京发行所

策划统筹：周　朋	策划编辑：吕　剑
责任编辑：周　朋	责任印制：赵联生

印刷：北京市大天乐投资管理有限公司
版本：2014 年 11 月第 1 版　　　　2014 年 11 月第 1 次印刷
开本：146mm×210mm
印张：1.5　　字数：35 千字

书号：ISBN 978-7-304-06043-5
定价：12.80 元

（如有缺页或倒装，本社负责退换）

安琪·雷亚茨

亚历克斯·雷亚茨

乔丹·柯林斯

布拉恩林·沃尔克

梅甘·泰勒

卡莱·利文斯顿

别错过43、44页的
魔术实验哦!

凯尔·里德

洛林·桑德斯

关于宇宙之谜，45页
会告诉你更多!

J.D.哈密尔顿

天文学是一门研究宇宙的学科，尤其关注恒星、行星、卫星和其他那些我们能够在夜空看到的天体。

通过研究这些天体的性质，探索它们的组成结构和运动规律，我们能够更好地认识包围着我们的茫茫宇宙。

这是日晷！一种利用太阳投影来计时的装置。

当太阳照射到晷针上时，晷针的影子会投射在晷面上。

一天中，晷针的影子会指向晷面上的不同刻度。这是因为——在一天之中，影子的方向会随着太阳位置的变化而变化。

可在晚上日晷怎么计时呢？

阴天没太阳的时候呢？

这些时候，日晷还真不好用！

我看我还是老老实实地看我的手表吧！

那边在干吗呢?

我想洛林是不是该宣布什么重要事情了。咱们也过去吧!

大家都听好了!这周是咱们的"太空周"!

我们已经计划了好几项活动,再过几天,一件令人激动的大事将会发生。

不过,现在先说说竞赛的事!

你们所有人分成四人一组的两队。

我出好了三个有关天文学方面的谜语，你们每个队需要逐一给出谜底。那个最先给出所有谜底的队，将有机会远足去经历那件大事——我刚才说的那件令人激动的大事！

现在自由组队吧！别忘了给你们队起个酷点儿的名字！晚饭后，我会宣布第一个谜语。

太棒了！我最喜欢天文学了！我的天文学成绩棒极了！

太好了！那咱们四个组个队吧！

不加我了？

抱歉！布拉恩林！一个队只能有四个人！

我想你可以加入我们队。我们队还缺一个人。

你们队还有谁？

卢克和克利夫。卢克是我的新男友，克利夫是他的室友。

哼！

兄弟！你来我们队就对了！他们那些小屁孩哪懂什么科学知识啊？

我还真没想到……

好啦！咱们的"太空周"就从银河系这个庞大的星系开始喽！

或者说——从咱们能看到的那部分开始！

一些美洲土著部落相信星星是"大神灵"在夜空散步时创造的。

"大神灵"用手杖在夜空中戳了些洞,让光从这些洞透射进来。这样,星星就形成了。

真的啊?

星星当然不是这样形成的!

就算咱们现在知道星星是怎么形成的,不也还会编一些关于它们的故事吗?

比如星座什么的?

没错！当我们凝望夜空中的星星时，会按照脑海中的形象把三五成群的星星连接起来，再给它们起不同的星座名字。现在我们用的星星名字是古希腊人起的，不过，别的民族也给星星起过名字。

比方说，你们知道这些星的名字吗？

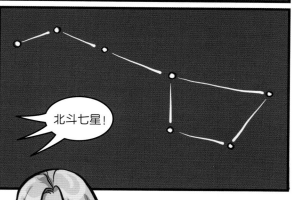

北斗七星！

正确！看上去像长柄勺的北斗七星。不过，古代德国人看到它们时，想到的是一驾马车。

古代英国人把它们看成是亚瑟王驾驶的双轮敞篷马车。

塞米诺尔人把它们看成是一艘大船，这艘船专门运送那些善良的灵魂去往安息地。

现在，让咱们暂时忘掉它看起来像长柄勺这回事。请大家回答——这些星星排列的形状让你想到了什么？

我想到了过山车。

我想到了爸爸的草坪躺椅。

我想到了一只青蛙跳过池塘！

我也是！

我们还可以通过北斗七星找到北极星。你先要找到北斗七星中最靠右的两颗星。

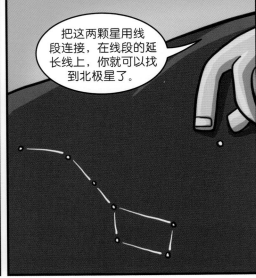

把这两颗星用线段连接，在线段的延长线上，你就可以找到北极星了。

有谁知道为什么北极星那么重要？

因为北极星是最亮的一颗星。

才不是呢！天狼星才是最亮的星。

安琪说得对，天狼星是最亮的星。不过，谁知道北极星有什么与众不同的特点？

北极星是唯一一颗位置不变的星。其他星星一年四季都在不停地运动。

严格地说，是地球自己在运动。不过，安琪说的也没错。

地轴是一条假想的从地球北极延伸到南极的线。北极星正处在地轴的北部延长线上。当地球绕着地轴自转时，北极星看上去好像一直待在正北方不动，而其他星星看上去像在绕着地球转。

来！你们得人手一份星象图，才能参加"太空周"的活动。不过，现在咱们得去吃晚饭喽！

哇！安琪，你对太空的那些东西真在行！

哈哈，我最爱去天文馆了！

嗨，咱们还没给咱们队起名儿呢！

"星骑兵"怎么样？

听上去像个大片的名字。

宇宙什么的怎样——

行啊——

"星之梦"怎么样？

没劲！

洛林！我们起好队名了！

我们队叫"宇宙探险家"！

我们队叫"星骑兵"！

……

我是一个雪球，可你不能用我打雪仗！有时候，我的尾巴长长地拖在我身后，可有时候我也紧跟在我的尾巴后面！

你们哪个队准备好了？第一个谜语是——

安琪,你有想法了吗?

我还没想好。我想尾巴什么的会不会和大犬座的天狼星有关。

可天狼星的尾巴一直在后面!

哎?别的有动物名的星座不也有尾巴吗?比如说飞马座和天龙座。

可它们的尾巴不会时而在前时而在后!回屋睡觉喽!做梦的时候没准会想出来!

第二天早晨……

安琪！快醒醒！

磨磨破锣……

昨晚上我一直睡不着，总在想那个谜语。

我们队也没摸着门道呢！

嗨！你不能坐这儿！

你现在是我们的对手！

不坐就不坐！

我在想——谜底有可能不是星座。

也可能是什么别的天体……

对，还有雪球、雪仗什么的，你怎么想呢？

我想想——不是星座……有雪球……还有尾巴……

噢！我明白了！是脏兮兮的雪球！

她是不是真得补补觉？

洛林！我们队猜出谜底了！

是什么?

谜底是彗星!
彗星就像一个巨大的脏兮兮的雪球!
它的尾巴时而在前，时而在后!

彗星由各种冰冻杂质、岩石和气体组成。当它靠近太阳时，冰蒸发气化，形成一条拖在身后的彗尾；当它远离太阳时，太阳风的压力又使彗尾出现在它的前面!

真棒! 你们队最先解出了第一个谜语。现在我给你们出第二个谜语，好吗?

好!

别许愿，因为我可不是你认为的那样!

天哪!
比第一个谜语更让人摸不着头脑!

干得不错！宇宙探险家们！嗨！安琪！你该去打个盹了！

困哪！

嗨！洛林！我们队也猜出谜底了！

是吗？

当天下午……

洛林告诉我你们两个队都已经进展到了第二个谜语……

"宇宙探险家"队和"星骑兵"队！

不过咱们现在没时间解谜，咱们得向月球进发！

真的？！

当然不是真的。你们的爸妈怎么会允许我把你们带到月球上呢？

不过，咱们可以想象咱们到了月球！

假如你要在月球上建一个永久性的基地。

你需要哪些东西？你的基地是什么样子的？

这是什么？

噢！是我的花园！

好！咱们来想想看。月球上有阳光和土壤，可植物生长还得有什么啊？

水和——

——空气。

没错！水和空气。但月球产生不了足够的引力，不能将气体大量吸附在月球表面，这样，空气就成了个问题。

而且，月球上也没有水。

我们推测月球两极可能会有些水，但多半没有。

那好吧！我这些植物其实是不需要空气和水的特殊植物。

哈哈！我要把它们发明出来！

布拉恩林，给我讲讲你的月球基地吧！

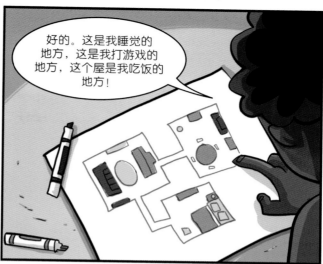

好的。这是我睡觉的地方，这是我打游戏的地方，这个屋是我吃饭的地方！

哎？那你吃的东西从哪儿来呢？

这个嘛……我打算每天都叫比萨外卖！

每天都由火箭送餐，那可是相当的昂贵呢！你难道是亿万富翁吗？

没准我会是呢！

好了！大家的基地都完工了吧！

我来谈谈我最新的减肥计划。

什么？

用不着节食，用不着运动，只需要——踏上月球的表面！

月球表面的重力大约是地球重力的16.7%，写成小数也就是0.167。

这样，把你的体重乘以0.167，你就可以算出自己在月球上的体重。

$$.167 \times 在地球上的体重 = 在月球上的体重$$

嗯……我还真不会小数的乘法。

我来算！

哇！布拉恩林！你在月球上连14磅都不到！

$$\begin{array}{r} .\overset{55}{1}67 \\ \times \quad 80 \\ \hline 000 \\ 13\;36 \\ \hline 13.36 \end{array}$$

而且，没有重力的拖累，你能跳现在的6倍那么高！

你们每人都找一个搭档，准备一支粉笔和一把尺子，然后站到墙边。

首先，让搭档用粉笔在墙上标出你的身高。

接下来，你要使劲向上跳，让搭档在墙上标出你脑袋触到的最高位置。然后，轮换一下，让你的搭档跳，你做标记。

现在，量一下你跳了多高。

把这个数字乘以6，你就知道你能在月球上跳多高了。

我来算一下，46厘米——乘以6——是2米76！

天哪！你这一跳高得吓人哪！

23

嗨！这么好的天气！怎么所有人都待在屋里？

去划独木舟怎么样？

好啊！

走喽！

嗯……别许愿，因为我可不是你认为的那样……

什么意思啊？

有……投币的……许愿井……

还有如愿骨。

嗯……

向坠落的星星许愿是怎么回事?

哦! 就是流星!

可后面那部分——我不是你认为的那样,又有什么意思呢?

流星的确不像我们认为的那样——它其实不是星体!

宇宙中的固体块, 如岩石和金属, 有时会被地球吸引, 进入地球大气层。 这些速度极快的固体块与大气剧烈摩擦后会燃烧发光, 因此而形成的一条光迹被称为流星。

哈哈！我们又猜出谜底啦！

是的！咱们现在赶紧去找洛林，抢先告诉她谜底。

可——

可那不是作弊吗？

炮弹来喽！

哎呀！布拉恩林！

洛林可没规定谜底要怎么得出，她只是说最先给出所有谜底的那个队获胜！

我们队猜出谜底了！

是流星，对吧？

没错！你们真棒！

耶！我们又是第一名！

哦！这次你们是第二名，"星骑兵"队在你们之前已经告诉我谜底了。

什么？

这不可能！

现在我给你们出第三个谜语，好吗？

好啊！

虽说属于一个步调一致的大家庭，可我俩有那么点儿自行其是。

听起来很耳熟嘛!

咱俩不就——

——很喜欢——

——自行其是吗?

哈哈哈哈!

属于一个大家庭……

嗨!克利夫!歇会儿吧!别费脑子啦!

让他们费劲去想吧!咱们只需要偷听到他们的答案,然后,抢先一步去告诉洛林。这办法不是挺管用吗?

那咱们还在这儿等什么？干吗不溜过去听听他们有什么进展。

你俩一块儿去还是——？

——我们打算用自己的脑子好好想想！

属于一个步调一致的大家庭……

卡莱，他们那么做不诚实！

我希望咱们获胜，可那得是光明正大的，而不是通过作弊！

我也这么想！

可咱们又能怎么做呢？

第二天早晨……

我得尽快解出这个谜，这是最后一个谜语了——咱们可不能输给"星骑兵"队！

咱们一定能解出这个谜！你又不是不知道——他们没那么聪明！

可他们是怎么解出前两个谜的？

这还不明白？男孩子本来就比女孩子聪明嘛！

再说，我们还沉着冷静，就像金星一样。

你是说行星金星吗？

瞎说八道！金星离太阳很近，一点儿都不"冷"！

你说的没错！你怎么会知道这个？

你嘟囔什么呢？

这个嘛——我那个超人老妈刚给我吃了种神奇的玉米片。

在冥王星被除名前，人们一直认为太阳系有九大行星呢！但其实，冥王星不是行星。

我是按这个顺序记八大行星的——水、金、地、火、木、土、天王、海王。

真是怪胎！

别理他们！
你真的很棒！你是怎么记住
八大行星的顺序的？我只记
得它们都绕着太阳转！

哦！天哪！我想
我知道谜底了！

洛林！

洛林！

不行！
是我们先
来的！

不用急！
我们还没想出
谜底呢！

我们只是想和洛林
单独谈谈。

到底是怎么
回事？

你知道吗？"星骑兵"队一直在……

在作弊。

什么？！怎么回事？

我们根本没有自个儿猜出那些谜底。

卢克和克利夫一直在偷听"宇宙探险家"队的答案，他们告诉你的谜底都是偷听来的！

"星骑兵"队的错误很严重，你知道这意味着什么吗？

"星骑兵"队会被取消比赛资格，对吧？

对。

祝你们好运！

现在看起来是你们队领先了。你们刚才是想告诉我谜底吗？

嗯，第三个谜的谜底——"大家庭"指的是我们太阳系的所有行星。

所有行星都绕太阳逆时针公转。

公转的同时，每个行星还在不停地自转。

大多数行星都在绕它们的自转轴逆时针旋转。不过，金星和天王星有点儿与众不同。

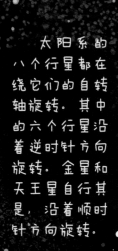

太阳系的八个行星都在绕它们的自转轴旋转。其中的六个行星沿着逆时针方向旋转。金星和天王星自行其是，沿着顺时针方向旋转。

我想——咱们的获胜队产生了！

"宇宙探险家"队赢得了这场比赛的胜利!明天下午,他们将远足去观看一件令人激动的大事!

别担心!咱们其他人也有机会观看!只不过不会有"宇宙探险家"队那么好的视野。

洛林,那件大事究竟是啥呀?

是日全食!

当月球运行到太阳与地球之间的连线时,月球会挡住太阳射向地球的光,从而形成日食现象。当日全食发生时,射向地球的全部光线都将被月球挡住。

要观察日全食,咱们需要制作一些"针孔投影器"。现在,咱们到艺术教室去!

用肉眼直接观看日全食会对眼睛造成很大的伤害，所以，咱们得采取一些安全措施来观看。现在，咱们要废物利用，把旧的麦片包装盒改装成"针孔投影器"。

首先，剪好一张比包装盒底部尺寸略小的白纸，并把这张白纸贴在包装盒底部的内侧。

接着，把包装盒盖的左右两侧剪掉，盖好剩余的那部分盒盖。这样，麦片包装盒就成了现在这个样子。

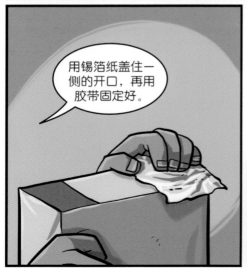

用锡箔纸盖住一侧的开口，再用胶带固定好。

最后，用钉子在锡箔纸的中央扎一个孔，注意别扎太大了！

明天，咱们要背对着太阳站立，让太阳光从锡箔纸上的小孔射进去。

当你透过包装盒开口向里看时，你会看到太阳投射在盒底部白纸上的图像。

凯尔，我们听说卡莱和布拉恩林的事了……

我们在想——他俩能不能也和我们队一起去？

他们能够说出真相其实需要很大的勇气，他们的行为也应该得到一些肯定嘛！

只要你们队队员没意见，我也完全赞成！

如果月球绕地球公转的轨道和地球绕太阳公转的轨道在同一个面上,我们也许每个月都能看到一次日全食了!但其实这两个轨道之间有一定的夹角。

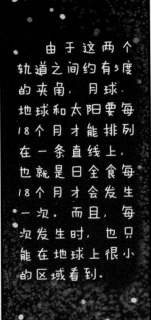

由于这两个轨道之间约有5度的夹角,月球、地球和太阳要每18个月才能排列在一条直线上,也就是日全食每18个月才会发生一次。而且,每次发生时,也只能在地球上很小的区域看到。

由于太阳比月亮大400倍,也比月亮远400倍,所以在咱们看来,太阳和月亮差不多一样大!

都是400倍,他是编的吧?

他没编!真是那么回事。

好了,咱们到了!

还没到时间,咱们还可以歇几分钟。

谁想尝尝我最拿手的超级巧克力曲奇？

我！

太让人激动了！我简直不敢相信就要亲眼看到日全食了！

它不会很吓人吧？

不会的！不过，在人们了解轨道、公转这些事情之前，日食对他们来说是挺吓人的。

没错！看到天空一下子变得漆黑，人们还以为是月亮要把太阳吃掉，世界末日到了！

瞧！天开始黑下来了。

不过，现在，我们明白了天为什么会变黑，而且也知道太阳会很快再出来的！

现在，把咱们的"针孔投影器"拿出来，日全食就要开始了！

从投影器的开口往里看！还有，一定要背对着太阳！

我看到太阳了！太阳光没伤到我的眼睛！我的投影器真不错！

好了！日全食开始了！记住——千万别直接看太阳！

咱们能来这儿简直太棒了！咱们的视野比那些待在营地的人要好得多！

嗨！感谢你们让我俩也跟着来！

真抱歉我的前男友表现得那么差！

前男友？

是！不过——前男友一般都不会——

——不会太优秀！哈哈……

魔术实验

你可以在家或在教室尝试这些好玩的实验，但是，要确保
有大人帮忙哦！

罐头 "天文馆"

家附近没有天文馆？没关系，你可以DIY自己的 "天文馆"！

你需要准备：一张星座图、干净的金属罐头瓶、透明描图纸、胶
带、钉子、锤子和手电筒

1）在透明描图纸上描出星座图上的星座。注意你描好的星座的尺寸要
在罐头瓶底的范围内。

2）把透明描图纸翻过来，用胶带固定在罐头瓶底部。这时，你看到的
星座是反着的！

3）请大人用锤子和钉子沿着罐底星座
图上的圆点砸孔。孔不必很大，只
要能穿透罐底就行。

4）砸好孔后，把透明描图纸拿开。接
着，关掉屋里所有的灯，让手电筒
的光线射过罐头瓶，投射在天花板
上。这时，你会看到星座出现在天
花板上。

5）你还可以尝试使用不同的罐头瓶来
呈现不同的星座图。

有什么现象发生呢？

天文馆是人们去了解天文知识
的地方。在那里，夜空中恒星、
行星和其他天体的形状都会被投
射在半球形的屋顶上。当你让手
电筒的光线穿过罐底小孔，投射
在天花板上时，你也为自己创造
了一个 "天文馆"。如果你看到
的星座图是反着的，那说明你忘
了把透明描图纸翻过来了！

纸板日晷

你需要准备：圆形纸板、尺子、量角器和尖铅笔

1) 用尺子在圆形纸板上通过圆心画两条相互垂直的线，这样，圆形就被这两条直线分成相等的四份。

2) 接着，你需要在纸板上标出时间刻度。你要沿着顺时针方向，分别在直线和圆形的四个交点处标上12PM、6AM、12AM和6PM。

3) 在每一份上，用量角器每隔15度刻线标记，同时，在直线和圆形的交点处标出对应的时间。

4) 在户外找一个阳光终日照射的地方，把日晷平放在地上，再把尖铅笔从圆心位置扎过纸板，固定在地面上。注意你要让铅笔始终保持垂直！

5) 看一下你手表显示的时间，然后，转动纸板日晷，直到铅笔影子指向的刻度和你的手表一致。

有什么现象发生呢？

　　一天之中，当地球由西向东自转时，太阳看起来会从东方升起在西方落下，而铅笔影子的长度和方向也会随着太阳位置的变化而变化。这样，通过观察影子的指向，你就可以确定时间了。

帮你解谜的词：

大气：包围恒星或行星的气体混合物。包围地球的大气被称为空气。

地轴：一条假想的地球自转所绕的轴。

彗星：一种由冰冻杂质、岩石和气体组成的球状小天体，绕太阳运行。当它靠近太阳时，冰核会蒸发汽化，形成一条发光的长尾巴。

星座：人们把排列成一定形状的一组恒星联系起来，并为其命名。

流星体：在太阳系运行的小型岩石或金属块。

日食：当月球运行到太阳与地球之间的连线时，月球会部分或全部地挡住太阳射向地球的光，从而形成日食现象。

太阳系：包括太阳和绕太阳运行的行星、卫星、彗星、流星体和其他小天体。

气化：物质由液态或固态转变为气态的过程。

你解开宇宙之谜了吗？

幸运的是——达科他营地的营员们对宇宙有一些了解，并且从辅导员那儿也得到了一些提示。现在你来看看自己是否理解了他们所用到的原理。

· 彗星有时候被称为"脏雪球"，这是因为它们是由各种冰冻杂质、岩石和气体组成的。当彗星靠近太阳时，冰核会蒸发气化，形成一条拖在身后的彗尾；当它们远离太阳时，太阳风的压力又会使彗尾出现在前面。

· 流星体是在太阳系运行的小型岩石或金属块。当它们被地球吸引进入大气层时，会由于和大气摩擦而燃烧发光，因此而形成的那道亮光被称为流星。散落到地球表面的未燃尽的流星体被称为陨石。

· 太阳系一共有八颗行星。很长一段时间，冥王星曾被认为是太阳系的第九颗行星。然而，科学家们最近认识到由于质量太小，冥王星不足以成为一颗真正的行星。太阳系的所有行星都在绕太阳逆时针公转。公转的同时，它们还在绕各自的自转轴旋转。其中，六颗行星沿逆时针方向旋转，金星和天王星自行其是，沿顺时针方向旋转。

作 者

琳达·博雷加德

琳达在七岁时，就写出了她的第一个故事。从那以后，她就再也没有停止过创作。她热衷于教孩子们游泳、设计网站，以及指挥出轨的赛车回到轨道。和她的猫咪"贝卡"玩掷球游戏也是她的一大乐趣。琳达和她两个可爱的女儿住在密歇根州的底特律市，这两个小家伙让她操心操得头发都要白了。

绘 者

德辛·海尔默

德辛毕业于加州大学伯克利分校。上大学时，每到暑假，她就和蛇啦、蜥蜴啦，泡在一块儿玩。毕业后，她教高中生物；不教课的时候，她创作美术作品、编写喜剧剧本，并且邀大家都来欣赏。她最好的朋友包括：两只宠物壁虎——斯美哥和杰里，一条王蛇——克拉瑞斯和一只住在她家隔壁的南美栗鼠。

译 者

汁庆莉

北京科技大学热能工程专业工学学士，对外经济贸易大学ＭＢＡ。策划编辑的少儿英语读物有：Words词汇漫画书系列，Kim and Carrots系列。在《问你问我》《探索自我》杂志翻译发表近20万字的文章。

审定者

周倩

北京师范大学物理系博士，现任北京某高中名校一线物理教师。